China Interior Design Files
Tea House Space

中国室内设计档案系列 | 简装版

本书编委会 编　　　主编：董君　　副主编：贾刚

U0253448

中国林业出版社

图书在版编目（ＣＩＰ）数据

茶馆茶楼 /《中国室内设计档案》编委会编. -- 北京：中国林业出版社, 2017.7
（中国室内设计档案）

ISBN 978-7-5038-9083-3

Ⅰ.①茶… Ⅱ.①中… Ⅲ.①茶馆－室内装饰设计－中国－图集 Ⅳ.①TU247.3-64

中国版本图书馆CIP数据核字(2017)第155345号

主　编：董　君

副主编：贾　刚

丛书策划：金堂奖出版中心

特别鸣谢：《金堂奖》组委会

中国林业出版社　·　建筑分社
策划、责任编辑：纪　亮　王思源

出版：中国林业出版社　（100009 北京西城区德内大街刘海胡同 7 号）
http://lycb.forestry.gov.cn
电话：（010）8314 3518
发行：中国林业出版社
印刷：北京利丰雅高长城印刷有限公司
版次：2017年7月第1版
印次：2017年7月第1次
开本：170mm×240mm　　1/16
印张：14
字数：150千字
定价：99.00 元

目录
CONTENTE

OOI/ 卜居茶社

项目名称：卜居茶社
项目地点：河南省郑州市
项目面积：1630平方米
主案设计：胡卫民

　　本案在设计定位上，以提倡质朴生活为主题。在建筑上，充分吸取河南民居四合院建筑特点。

　　设计作品以河南的民间文化特点，充分利用麦秸、麻布、青石、朽木、原木、青砖、砾石等天然材料，营造出一种浓浓的乡村质朴的空间感观。

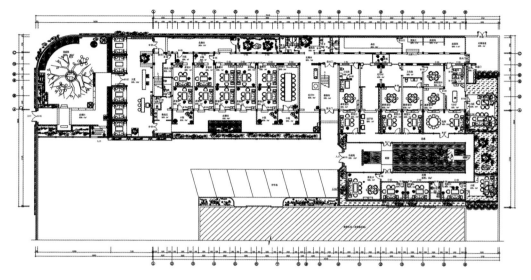

平面布置图

002/ 浮山溪谷

项目名称：浮山溪谷
项目地点：山东省青岛市
项目面积：1600平方米
主案设计：李金山

　　浮山溪谷突破传统单一商业模式，融入生态餐饮、禅茶、中医、太极综合体运营模式，繁华宣泄的都市中为你营造一个静心休闲地方，静心是一种美，是一种幸福，也是一种纯净和清明。

　　浮山溪谷的选址以独特的自然风光让客人感到蝉噪林逾静，鸟鸣山更幽的意境。装饰材料以极少的废旧自然材料，精心设计，以达到保护人文文化和再次唤醒富有东方感的生命力，让人感到中式现代风格里面带着怀旧及禅意的气息。

　　禅意的架构理念，牵引着各区域的衍生。水与石动线的韵律指引形式移入室内，信步室内给以曲径通幽处，禅房花木深的环境氛围。项目的设计材料主要采用石板、水泥、锈板、老榆木、宣纸。

平面布置图

OO3/ 原河名墅社区会所

项目名称：原河名墅社区会所
项目地点：河北省石家庄市
项目面积：2500平方米
主案设计：张迎军

　　会所的设计主题定位是漫生活的体验。"漫生活"的本质是要让人"悠然自得"，在工作和生活中适当地放慢速度，以豁达和欣赏的心态来享受亲情、爱情、友情的美好，享受阳光、树木、花朵、云霞以及大自然的形形色色，享受艺术、音乐、读书和精神上的乐趣。漫生活是一种懂得珍惜和欣赏的生活态度。设计上重点突出对主题的诠释。主张把自然引进生活空间，用艺术的手法去表现功能，用做旧的材料表现时光、追忆、留恋和安宁，通过对消费流程优化设计和空间功能区的有机组合，让客人放慢节奏，体验漫生活的乐趣。

　　茶舍的位置位于会所一层的西南角，茶的心情水知道，要倾听自我的声音，喝茶是个不错的选择。远远看见石墙边的插花，好像在等待老朋友相会。走过水池中央的

木栈道，心情自然地放松下来。电动感应门徐徐打开，又闻到幽幽的檀香，古旧的砖墙静静地映衬着柚木的博古架。墙角的绿植依然郁郁葱葱。《安溪白茶》仿古建的屋顶搭配明式风格的家具，庄重深沉，上次和茶艺师朋友在这里做了一场茶会，古琴，沉香，品着"肉桂"，看朋友优雅的茶道表演，让我记忆尤新。《祁门红茶》这间生活气息十足，树下下棋的感觉很棒。《武夷山大红袍》墙上实木造型跟灯光配合，有一种置身树林的错觉。《云南普洱》让我回想起在云南客栈的经历，植物墙，实木造型墙，小隔窗，是一个可以惬意喝茶聊天的闲散空间。今天点的普洱，还是在"云南普洱"吧，朋友马上就到，顺手拿一本《民宿》的书，明年五一旅游的计划该和朋友聊聊了……

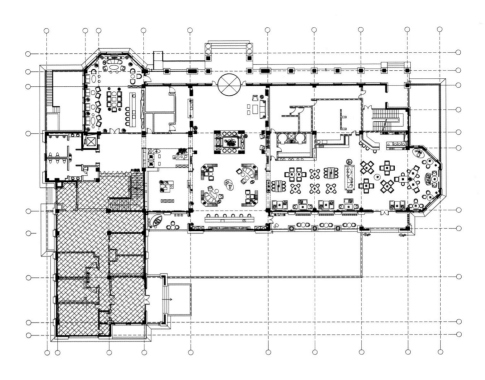

平面布置图

OO4/ 茶马谷道精品山庄

项目名称： 茶马谷道精品山庄
项目地点： 浙江省宁波市
项目面积： 800 平方米
主案设计： 李财赋

本案是改造项目，所以有所局限，但也正是因为这平面局限，才会感叹设计的不平凡，改建最大的原则就是因地制宜，保留一些岁月的印记，比如原入口的门楼，就是一道记忆，保留之，在门楼下方做个小水景，让在茶区的人可以通过水的媒介静下来，又形成了与室外山水的蝠合。其次是解决动线问题，原通道的狭小，采光差导致的一些问题，把过道九十公分高的窗改为落地窗，向外凸出，又把外景引入，又通过打开的方式让过道更有节奏感，也让过道有了另一种意境，大堂入口进行移位与改建，放在庭院入口处，移的目的是增长浏览路线，让人在移动中通过通道与窗户的转达感受光影、室外风景的变化，大堂的设计更多结合休闲书吧的概念，让空间具有文人气质，休闲区后的窗户整体落地打开，可以开门见景，

内景与外景的结合使人更加陶醉。主背景的字体是"茶马谷道"几个字的分解，就似乎有人在微醉的状态下不经意打碎了酒落于此，增添了几份诗意。最特别的是在大包厢的室内通过苏州园林的营造古法，用现代的表现语言，景中景的方式，在室内望去就仿佛一个湖面挂在墙面上的奇特风景！整体空间采用减法形式，用生态观的手法去营造，大量留白是让人静思、联想。

选材考虑本土化，环保、节能。空间最大的装饰就是陈家泠先生的画，色彩、意境、人文，与此情此景真是稳稳地相融。

平面布置图

005/ 胡同茶舍

项目名称：胡同茶舍——曲廊院
项目地点：北京市
项目面积：450平方米
主案设计：韩文强

项目位于北京旧城胡同街区内，用地是一个占地面积约450平米的"L"型小院。院内包含5座旧房子和几处彩钢板的临建。

在设计施工上：（1）修复旧的。整理和分析现存旧建筑是设计的开始。北侧正房相对完整，从木结构和灰砖尺寸上判断，应该至少是清代遗存；东西厢房木结构已基本腐坏，用砖墙承重，应该是七八十年代后期改建的；南房木结构是老的，屋顶结构是用旧建筑拆下来的木头后期修缮的，墙面与瓦顶都由前任业主改造过。（2）植入新的。旧有的建筑格局难以满足当代环境的舒适性要求，新的建筑必须能够完全封闭以抵御外部的寒冷。

为此，我把建筑中的流线视觉化，转化为"廊"的形式，在旧有建筑的屋檐下加入一个扁平的"曲廊"，将分散的建筑合为一体，创造新旧交替、内外穿越的环境感受。在传统建筑中，廊是一种半内半外的空间形式，它曲折多变、高低错落，大大增加了游园的乐趣。

轻盈、透明、纯白的廊空间与厚重、沧桑、灰暗的旧建筑形成气质上的反差，新的更新、老的更老，拉开时间上的层叠，新与旧相互产生对话。曲廊在原有院子中划分了三个错落的弧形小院，使每一个茶室有独立的室外景致，在公共和私密之间产生过渡。曲廊的玻璃幕墙好似一个悬浮地面之上的弧形屏幕，将竹林景观和旧建筑形式投射到茶室之中，新与旧的影像相互叠加。

006/ 海西首座茶艺馆

项目名称：建发海西首座茶艺馆
项目地点：福建省厦门市
项目面积：160 平方米
主案设计：张蒙蒙

东方茶文化包含的"意"极为博大精深，从茶具、茶叶、茶艺到品茶、香氛、体验都非常丰富，在高低错落的趣味空间之中展示这种茶的"意"，如同在"小空间"里拥抱"大内容"一样，让空间为媒穿针引线，把意和景融合其中。

象征深厚底韵古建筑，白墙灰瓦的钛白、炭灰色调，融合代表文人墨客儒雅的蓝色调和极具视觉冲击力的黄色调。源于自然的木、石、光、水等元素，提炼宁静与安逸的环境与和谐之美，是一种回归，一种朴实，一种境界的心情下品茶。

一个5米高的前台空间，背后的景观面以格栅规则阵列，古朴的木色在背后灯光的映衬下，与背底的抽象水墨画相呼应，犹如身处室外的宁静致远的立体视觉艺术。再从楼梯旁的栅格竖线元素贯穿整个空间，也是一种穿针引线的作用。在山水画遮挡搭配半通透纱质屏风下，营造若隐若现的远山空悠意境，与茶的文化意景作呼应。楼梯中空端景处设计铁艺框架悬吊四面皆可观赏的艺术品，提升艺术品的穿透力，空灵的吊饰与底部枯山水形成禅意的呼应。木质家具的线条轻盈简洁，同时追求丰盈的木质纹理、自然的触觉和柔和的漆面光泽是家具与东方茶文化的完美融合。围坐在日式风情的榻榻米包房，触摸它动人的情调，感受着一种"禅意"的格调，也是一种人生领悟。

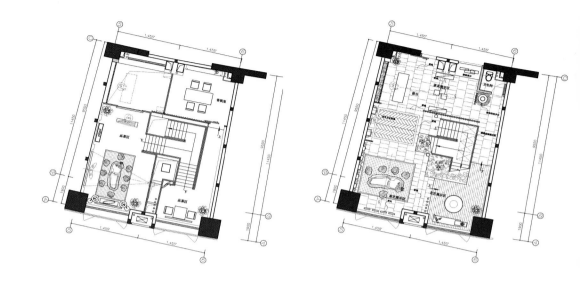

一层平面布置图　　　　　　　　　　二层平面布置图

OO7/ 井岗红会所

项目名称：南昌井岗红会所
项目地点：江西省南昌市
项目面积：200 平方米
主案设计：高雄

　　形形色色的茶空间，多是充斥着各式的中国元素，殊不知中式风格所带来的精神仅在一个"宜"字。带着本人对中式的理解，精心炮制了一个没有中式元素的中式茶空间。利用简洁的线条、明朗的块面，刻画了宜简静心的设计主题。

　　室内运用的，如不锈钢、石材、木面，无不是以块面形式呈现。虽简明，可其中的繁复纹理也同样强调了内容的丰富性。

　　整体从米黄到咖色的过度色调让人得以平心静气置身其中，真正诠释了茶空间本该有的平和与安逸。

OO8/ 熹茗会平潭店

项目名称： 熹茗会平潭店
项目地点： 福建省福州市平潭县
项目面积： 214平方米
主案设计： 高雄

熹茗茶室以现代的格调，融合提炼出的经典中式元素，塑造了一个时尚与文化雅兴并存的雅致空间。空间铺陈灰色仿古砖、刷白的墙面、黑色的家具摆设，沉稳的黑、白、灰搭配透露着干净、利落。

空间分割为上下两层，下层主要作为商品的展示空间，上层则是小包厢可供客人品茶聊天。一层空间宽敞舒适，两层楼高的挑高，搭配改良式的灯笼吊灯，显得更加宽厚大气。清淡的简单装修搭配精心挑选的特色装饰、家具，细节中也饱含创意，将轻装修、重装饰的理念充分体现在空间中。茶品的陈列十分讲究，巧妙的配搭让商品看起来更像是艺术品。二层空间布置了多个品茶小包厢，格

调各不相同，总能带来不一样的惊喜。面对中庭的小包厢，以中式园林透景的手法打造，竹子、漏窗，形成独特的风景线，使空间流通、视觉流畅，因而隔而不绝，在空间上起互相渗透的作用。透过漏窗，竹树迷离摇曳，小楼远眺，造就了幽深宽广的空间境界和意趣。对于小空间包厢的处理也是相当得当，由于没有过多面积来装饰，故将枯燥无味的白墙更改成充满意味的山水画卷，减弱了小空间的压抑感，为空间增添了一丝趣味。品茶是一件让人舒心惬意之事，在熹茗茶室素雅、自然的环境里，一杯清香四溢的好茶让人难以忘怀。

一层平面布置图

二层平面布置图

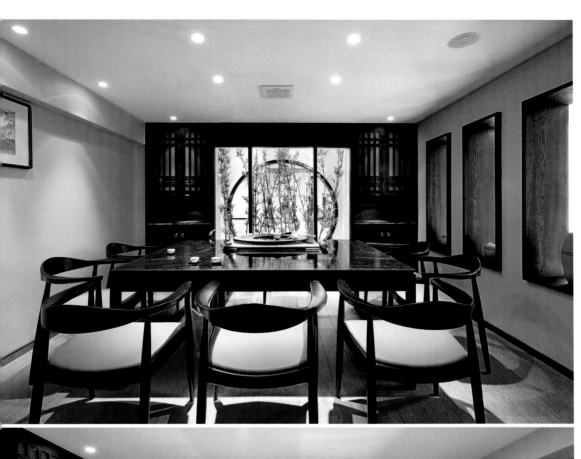

○○9/ 茶马天堂

项目名称：THAI CUISINE 茶马天堂
项目地点：江苏省苏州园区万科美好广场
项目面积：370平方米
设计单位：善水堂设计

"泰"不仅仅是一个空间的设计，身临其境，你感受到的是其中蕴含着的泰式文化，感受到的是一种古老国度的神秘和魅力，使你禁不住去细细品味它的"源"之所在，情之所系。该设计的细节中处处体现泰式风格的特点，原木、竹、藤制品等原生态的室内材料的合理运用，让就餐的环境回归自然与朴实，就像在这里所有的菜肴食料都是代表泰国独特的。相信步入"泰"你定会被它深厚的文化底蕴所感染，并体会到不一样的泰式风情，开始一段奇妙的文化与味觉之旅……

餐厅内部合理的流线式布局，有针对性地结合建筑的形式，以顶面飞扬的光线来引导，虚实之间，赋予餐厅空间灵动与张力。材质上大部分运用实木，通过自然的木材纹理，增添了室内的亲和力。

灯光在环境中不仅发挥照明的作用，还烘托出周围的气氛和遐想的意境。光照的功能要求首先反映在照度上，不同的区域需要不同的照度，"泰"的设计以多种铜制灯具来营造，特别是这款汤姆迪克森的灯具，以暖色调光源为主，通过光源与周围造型的折射与反射，营造出更加温馨、舒适的用餐环境。

青翠的竹子、飘逸的羽毛灯、精致的木雕、东南亚特色的藤制鸟笼等等，而当这一切都和谐地兼容于一室时，我们便准确无误地感受到泰国的清雅、休闲的气氛，在这里让您体会泰国美食的文化与精髓，无论是口味酸辣还是较为清淡，和谐是每道菜品所遵循的原则。

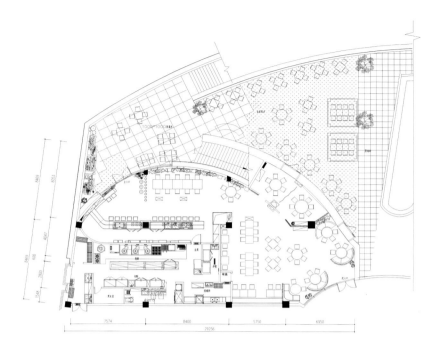

平面布置图

oio/ 汐源茶楼

项目名称：汐源茶楼
项目地点：浙江省宁波市
项目面积：450平方米
主案设计：王践

　　茶馆卖的不仅是茶，更是"馆"。即设计师打造的并不单单是一间茶馆，更是一个公共的社交平台。设计师将空间比作容器，能收纳与茶有关的各种人事物，也能包容与学习交流有关的各种展演。

　　"让年轻人爱上茶馆"。尊重传统不等于回到过去，传承文化更不能仅停留在形式上。传统茶馆设计过于符号化和注重元素堆砌，色调深沉且物件厚重生涩，气氛压迫有种强加于人的文化侵略感。流失大部分的年轻消费群体，让原本就对传统文化漠视的年轻人更加地对茶馆敬而远之。设计师运用明快轻松的手法，简单质朴的材料与工艺化解为表现文化而堆砌符号带来的掠夺性，强调人才是空间的主体，尊重材质的本色表达，尊重人在空间里的情感诉求，赋予茶馆一种属于当代的时尚。

　　分散私密的包厢势必也会割裂和打散人气，设计师在满足业主经营需要以及充分尊重业主对风水诉求的前提下规划出一片宽敞明亮的大厅空间。以大厅、包厢及卡座的形式完成对空间的布局。共享空间强调仪式感，聚集人气，体现名堂的功用。包厢部分则注重私密与舒适，在规制与自在中寻求一种平衡。

　　传统茶馆用材用工擅用古法，如今匠心不再且耗时费工，效率极低，而且往往词不达意，牵强附会。商业项目几乎不容许有那么奢侈的时间成本。本案尽可能地用现代工艺和材料来表达古意新境。现代工艺加工还原的仿古再生木材、素色水泥、钢板钢筋以及当地产的粗麻缆绳串起整个空间的气质。

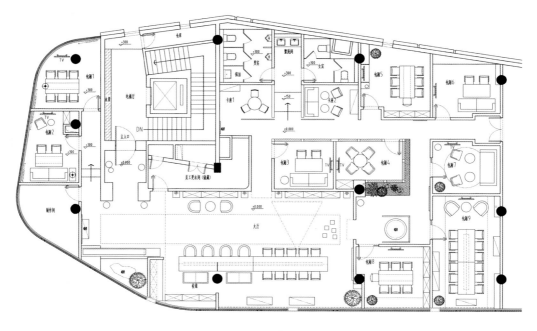

平面布置图

011/ 溪云

项目名称：溪云
项目地点：江西省南昌市青山湖区南京东路
项目面积：130平方米
设计团队：王景前、刘坤、高雄

　　该茶楼座落在南昌茶文化集聚的鹿鼎茶叶市场，各种围绕传统茶文化设计的空间不计其数。

　　溪云的设计提炼了中国传统文化的精髓，似国画之山水、似书法之飘逸，体现出了东方式的精神内涵和中国的文化，结合现代的简练线条和变化的空间而独具风格。道和设计专注在现代中式空间，对于现代想逃离喧嚣的茶客来说，溪云静能使人心明神清，慧增开悟，神采万千。如今的人们为生计而忙忙碌碌，但心底却无不渴求生活的平静。一方净土，空间上的干净带给茶客心灵宁静的感念，更能让茶客享受生活的片刻安宁和自在。

012/ 新东方气韵

项目名称：融汇民俗的新东方气韵
项目地点：福建省福州市
项目面积：336平方米
主案设计：施传峰、许娜

空间选取用汇聚东方灵气和西方技巧的新东方主义风格为空间的整体格调，并融入屏南当地的风情文化，相互间的融合搭配创造出独特的空间氛围。使用自然材料，如石料、木料等，力求更加贴近自然环境，以创造质朴、简约的氛围。

设计利用回廊、屏风、照壁等多种设计手法分割空间，使空间有循序渐进之感，空间以中轴为线分割为左右两个区域，中线用屏风装饰，后部为回廊。并达到多层次空间的视觉效果，下沉式的茶座给人环绕的安全感。

地面以青砖铺设，用瓷砖代替地毯，墙面用PVC管整齐排列而成。背后辅以软膜，将灯管藏匿其后，让光线透过软膜散发，形成光影效果。色彩简约纯净，视觉比例恰到好处，空间的动线流畅且层次丰富，写意般的空间氛围让置身其中的人们由心感到放松。

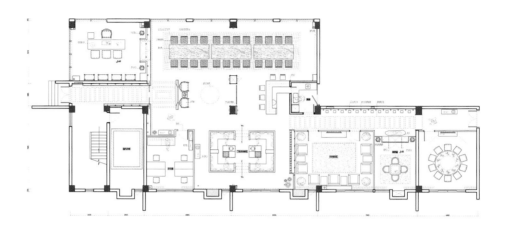

平面布置图

013/ 熹茗会长乐店

项目名称：熹茗会长乐店
项目地点：福建省福州长乐
项目面积：220平方米
主案设计：高雄

　　走进熹茗茶会所，现代的空间里环绕着静谧的氛围，平添了几分淡定。空间选用黑色为这里的主色调，沉稳的色彩烘托出茶文化的深邃感。灯光烘托空间氛围，在光的虚与实，明与暗中带来充满变化的感受。空间各区域以格栅、木隔断连接，进而连通各空间。由墙蔓延至天花板的镂空的栅格，被灯光照射投射出光影，形成独特的风景。

　　楼上设置了各式包厢茶座，大型包厢布置了沙发、茶桌，宽敞的空间可以容纳较多宾客。墙面以一副大型画卷为装饰，埋设上灯管，透过画布散发淡蓝的舒适光线。空间的一侧利用外部墙面打造了景墙，布置上小景，为空间增添了一分情趣。对于小型包厢而言，空间面积有限，为规避局促枯燥的氛围，在四周设计了竹林、荷花等小景，再以玻璃幕墙隔开，落座仿佛置身于自然之中。处处有景，断而不断的变化，丰富了人们的视觉层次。

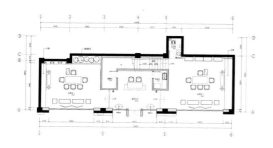

一层平面布置图

二层平面布置图

014/ 素业茶苑

项目名称：素业茶苑
项目地点：浙江省杭州市凯旋路茶都名园
项目面积：150平方米
主案设计：黄通力

　　本案将原址为杭州茶厂的旧厂房改造，建筑外立面保留着先前的红砖黛瓦，内部为传统"人"字顶厂房结构，最低层高4150毫米，最高点5800毫米，以4组人字钢梁支撑整个屋顶，因此在设计过程中最难的是要先解决空间布局及结构改造，以满足业主所需的多项功能。设计师巧妙地利用人字顶的构造，采用钢架架构，将房屋搭建成上下两层，错落有致地布置了门厅玄关、两个中式包厢、两个日式和室、两组卡座、一个大型中厅培训室、一组茶艺操作台、茶具茶叶等产业展示区、收银台、仓库等等，最大程度地实现土地资源的利用率。

　　如果空间布局是设计的躯干，那风格定位就是设计的灵魂，本案的名称为"素业茶苑"，素业既可以理解为干净的做人做事，亦可理解为希望成就一番事业。无论任何

行业都应如茶一般清澈纯粹，设计亦是如此。设计师运用了原木材质，未采取过多的加工，而是依据材料的原始特性来装饰墙面，环保而自然。增强了以原色氤氲的视觉感官，突显了简洁古朴的线条设计，将淡雅沉稳的空间布局和优柔润泽的光影效果完美结合，自成一处。

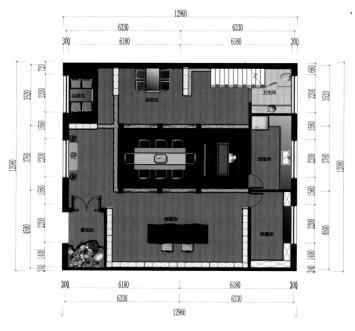

平面布置图

O15/十二间宅

项目名称：十二间宅
项目地点：北京市
项目面积：180平方米
主案设计：梁建国

想要的是一种生活而非空间的本身，宗旨是与空间产生快乐的联系，激活中国式美学的生活方式！

用"意"而非表象，可以把她比作一方水塘，春可凭栏赏花，冬则围炉品茗。

走近她先是幽蔽曲折书廊，进入渐觉明朗，只有临其间，才知其中妙。

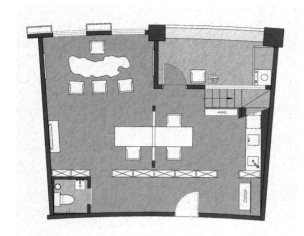

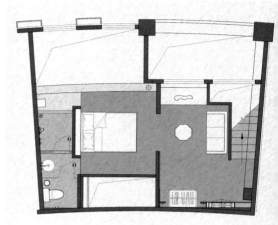

一层平面布置图   二层平面布置图

016/ 上堡茶叶工坊

项目名称：上堡茶叶工坊
项目地点：浙江省温州市
项目面积：94平方米
主案设计：曾建龙

　　上堡茶叶工坊以收藏紫砂壶为主，同时又带有茶道文化的气氛。主人希望通过这个平台能结识一些志同道合的人群一起来玩壶，做到以茶会友以壶谈论人生的主旨。

　　设计应用了当代东方设计语言来进行空间的表现，在空间里设计了公共大厅展示区以及两个包间。

　　通过线、面的关系来进行空间结构塑造，从而传递了空间的艺术气息以表达品位，同时代表设计师用一种简单方式来解读当代东方文化的语言。空间的主调以黑白为主色系，木材选择鸡翅木为主饰面板，这样可以更好地表现出收藏品的质感。作品东方文化气息浓重，整体空间突出以茶会友的特色。

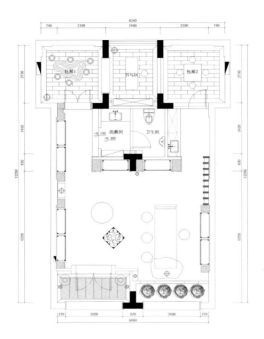

平面布置图

O17/ 古逸阁茶会所

项目名称：古逸阁茶会所
项目地点：福建省
项目面积：330平方米
主案设计：陈杰

古逸阁茶会所位于浦上大道，与万达商圈毗邻。虽地处繁华闹市，但设计师遵循"物尽其用是为俭"的理念，将一份古朴与清静浸润在空间之中，让目之所及的一切愈加耐人寻味。会所前的户外区域，地面用憨实的枕木铺陈，周边的桌椅以木质、石质、竹质交糅在一起，透着一股自然苍劲的美，悄然打动着过往的人们。墙面的透明玻璃呈现出会所内部的景致，它仿佛是一副取景框，涵盖的风景或许是一个插着枯枝的陶罐，一把改良过后的中式椅子，抑或是灯光留下的影子，骤然生动。

引导人们进入会所内部的地板是从附近老房子拆迁得来的旧木，凹凸不平的纹理自成风景，而那些或深或浅的不同色泽仿佛在默守一段尘封的往事，留给人遐想的空间，同时也衬托出这屋子的素雅氛围。内部空间的墙面也适时地使用到了这些旧木，它们带着一股时过境迁的淡淡忧伤，但当我们留恋起儿时的记忆和味道，时光就此倒转，骨子里的文化归属让设计更加赏心悦目，让我们更容易找到共鸣。

除了旧木饰墙，天然麻布也是空间中重要的装裱材料，素而不俗。前台区域的顶上悬挂着若干浮云状照明灯具，它们在光影的烘托下营造出和谐的律动，并实现了空间氛围的蜕变。前台区域的背后是一个包厢，古朴自然的材质在其间和谐共处着。这些物件模糊了时间的概念，然颇有一番自在的个性。在与临近功能区域的衔接上，"无像无相"是设计师追求的意境。

平面布置图

O18/ 吉品汇

项目名称：吉品汇
项目地点：福建省福州市北大路
项目面积：250平方米
主案设计：高雄

　　福州又称之为榕城。这里，地势坦阔，道路宽广，创意聚集，是文化之地。行旅过客如同流水一样，在这儿观览过、思索过，流连忘返却又匆匆地逝去了，不曾片刻停留。所留下的和重复着的，亦只有那春夏秋冬四时擦身而过留下的苍然印记，以及那东西南北八方风云。留下的都不打算离开，算是美之事物。

　　中华之文明，古老而璀璨，涵内而静美，茶文化更是清新高雅。本案以莲花的特质凝聚得含蓄而精致（中通外直，不蔓不枝），通过现代工艺手法将木作升华，用于吊顶、楼梯、墙面、展示柜，并且结合黑色硝基漆处理的镀锌管、白色烤漆玻璃、深色石材，诠释着淡雅清茶所带来的芬芳，中华魂骨之刚劲。

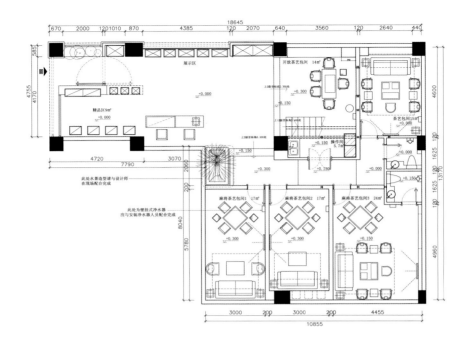

平面布置图

019/ 妙香素食

项目名称：妙香素食
项目地点：福建省福州市铜盘路
项目面积：830平方米
主案设计：陈杰

　　原本位于福州五四北的妙香素食，如今搬到了华侨新村62号，在布满岁月痕迹的花园洋房安了家。素净淡雅的环境里没有繁杂的装饰，人们看到的是一份淡定和随性。造访"妙香素食"，更像前往信佛人家做客，品尝私房菜，追随他们一心向佛，却又不忘人间美味的那一份虔诚。

　　置身于妙香素食落英缤纷的院落里，呼吸着带着有雨露泥土芳香的潮湿空气，远离了都市的喧嚣，让我们可以细细体会着这里的质朴和恬静。在篱东菊径深般的清幽环境中，主人将桌椅恰如其分地摆放在绿树丛中、走廊上，并用红伞、枯枝点缀其间，别有一番情趣。在绿树深处，假山流水之间忽见一间日式小屋坐落其间，屋顶上干枯的厚茅草，拉门与窗棂上别具一格的花格，屋内屋外古朴而

灵动的陈设，都把我们带到了古老的意境，领略这"悠然见南山"的超然与雅致。

　　素食馆的室内保留了原始建筑两层小洋楼的格局，屋内主色调为白色，白色的墙、白色的门、白色的窗户、白色的屏风，一如素食带来的清新与纯净，让人忘却了都市的繁杂与欲望。而在楼梯的墙面上，设计师独具匠心地在其上手绘了一副枯树的剪影，而后将射灯在树梢间投射出一个暖黄的圆晕，如同一轮满月挂于枯枝之间，手法只精巧、意境之曼妙，自然不言而喻。设计师将中式传统风格的元素融汇于整个空间，使得它并没有古老家具堆砌出来的沉闷腐旧之气，倒流露出惠质兰心的气质，加之周围环境的映衬，让空气中流动着雅致而不哗众取宠的朗朗气韵。

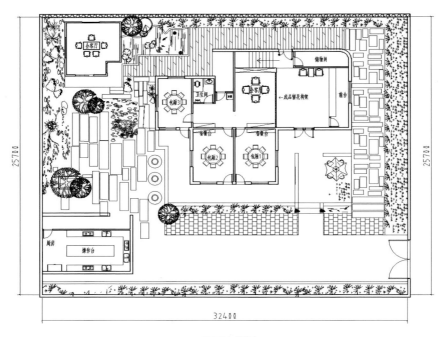

平面布置图

O2O/ 茶会

项目名称：茶会
项目地点：黑龙江省佳木斯市
项目面积：645平方米
主案设计：王严民

　　茶会位于黑龙江省佳木斯市，身为本土设计师，没有刻意表达明清京韵和江南秀雅。

　　作品在环境风格上的设计上，力求将"茶会"打造出北方地域与秦汉气息相融合的人文氛围，厚重不失灵巧，简型做，朴气质。

　　在设计选材上的设计上，复古老墙砖、中式木格的融入，使东方韵味更加浓重，给人内心以宁静致远的禅宗心境。

021/ 印象客家

项目名称：印象客家
项目地点：福建省福州市
项目面积：1100平方米
主案设计：陈杰

　　任何一种文化、一种理念，都要通过一个载体来培养，既而发扬光大。"印象客家"便是这样一个地方，它在设计师的精心规划之下充满了想象，于有形无形之间塑造出许多耐人寻味的情境。于是，我们在此用餐或品茶，体验到的不仅是味蕾的高级享受，更是触动心灵的一个过程。印象客家位于A-ONE运动公园内，隐于深处的位置给这个餐饮空间多了几分低调与内敛。"追根溯源，四海为家"的文化理念也在潜移默化中得到些许诠释。

　　尚未进入空间内部，外面的庭院景观已然吸引了我们的目光。曲径有秩的布局丰富了视觉的层次，得益于此，设计师在这个环境中设置了若干包厢。包厢置于自然的怀抱之中，食客便拥有了广阔的视野。同时，玻璃墙面使得窗外郁郁葱葱的景致成为一道天然的背景。渐渐地，这里的一草一木、一砖一瓦，不管是有生命的还是没生命的，都找到了与空间沟通共融的方式。

　　印象客家的门面上方用斑驳的铁皮做装饰，粗犷的纹理显得厚实而有力量感。下方的圆窗位置，摆放着石磨与擂茶饼，墙面上的地图指示出客家族群在国内的分布情况，这些与客家文化一脉相承的物件在这古朴的空间中悠悠不尽。

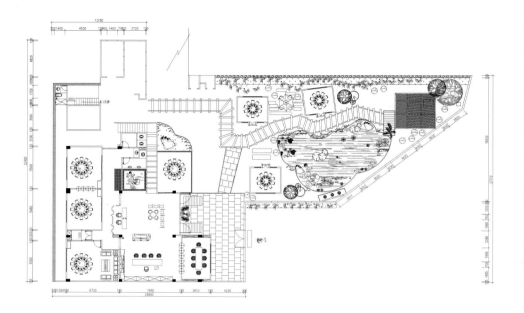

平面布置图

022/ 陆子韵茶会所

项目名称：陆子韵茶会所
项目地点：福建省福州市省府路山水大厦
项目面积：800 平方米
主案设计：林洲

　　会所的环境，和茶一样，清淡、朴素，整体设计风格以后现代中国风呈现，功能区域分为：一、前厅，二、品茗区，三、包厢区；前厅区背景为陶板砖以深咖色平木线分割，收银台以锈石石皮和银色波纹板的组合，是自然的材料和平实的手法的运用，满足了宾客的视觉和精神的享受，后区书画，古筝区抬升地坪，形成抬高区，上置古筝中式家具，四周以黑色云石围边，内水体、叠水涌墙、木栈道桥、烤漆玻璃山体轮廓造型，以*LED*灯带为分层，茶经诗句，演绎出"曲水流觞"的高雅情趣，抛其简单形似，追求内在神似。

023/ 沁心轩

项目名称：沁心轩
项目地点：福建省福州市西洪路
项目面积：99平方米
主案设计：范敏强、陈锐峰

　　本案是一个面积不大的茶叶小会所,自然与朴素是这个空间的重要标准,然而今天的审美和主流思维已经远离了那个传统的年代。于是，设计师重新解构了中国文化中代表性元素,从色彩中提炼出黑与白,从形态中提炼出方与圆,从氛围提炼出闹与静,最终塑造出一个精神需求与物质享受相融合的意境空间。

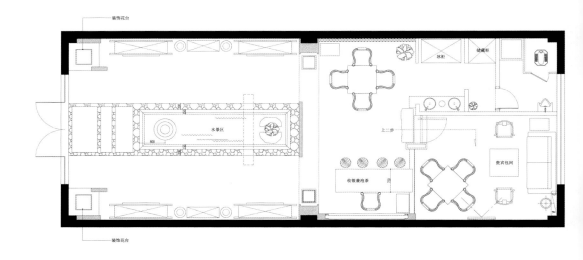

装饰花台

装饰花台

水景区

800

上二步

收银兼泡茶

贵宾包间

平面布置图

024/ 华亨茶社

项目名称：华亨茶社
项目地点：福建省厦门市
项目面积：600平方米
主案设计：黄锋

　　本案是会员制茶舍，区别于一般休闲茶舍定位，定位高端客户。讲究生活与自然的相融合，现代与古典的相汇，进入室内仿佛置身于自然园林中，品茶的意境油然而生。空间布局整齐清晰，区域划分独立，划分区段设计独特各异。

　　空间装饰多运用石材，古典与现代材质的家具独特搭配，不但不失园林意境，更添韵味。茶叶行内颇有影响，已开始全国连锁。

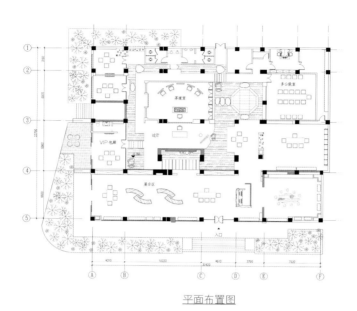

平面布置图

025/ 观茶天下

项目名称：观茶天下
项目地点：安徽省合肥市黄山路西环中心广场3栋116号
项目面积：360平方米
主案设计：许建国

　　本案位于合肥市黄山路原学府路中环城，是文化一脉相承的主街，周围的人群层次较高，选择具有浓厚的茶文化底蕴的徽派风格来彰显本案特点，创造一番世外桃源之地，试图打破传统徽派建筑特点，让人享受一份放松、优雅的环境，细细体会徽州茶文化精髓。本案外观运用马头墙有序排列，可以增强徽文化印象，让人容易注意到这番自然的净土。

　　本案一楼是茶叶销售区，二楼是品茶区。进入门厅运用书架式隔断，减少外部环境对内部的影响，一楼分为前厅接待区、体验区、休闲景观区、茶叶展示区。茶叶展区中间有水井相隔开，展区有序地摆放着茶产品，展区四周循环通道，方便流动与选取。一楼景观区有古琴、书卷架、观音、假山水景，让人感受一份平静、朴素、平和、

自然的空间氛围。设计师把人造天井运用在本案中，其间的假山水景，巧妙地连接一二两层楼，一楼可以看到人造天井，异常通透，采光效果好，二楼顾客可以围绕天井所赏一楼布景，鹤与流水的造景相映成趣给人一种回归自然与纯朴的感觉。二楼饮茶区分服务区、休闲区、为厢区、书画区、卧榻去、功能齐全，以满足不同客人的需求。另外还设立冷藏储茶区，将客人所购买的茶叶储藏，方便顾客待客之需。

　　在色彩控制上，整个空间以稳重的暖色调，配合局部光源的处理，以亲切温馨的视觉体验让空间与人之间的关系更加紧密。很多家具运用了原色，元色系意在根本、本性、自然的特征，茶香无形的香，使品者反观自己的本性——真、尚、美。

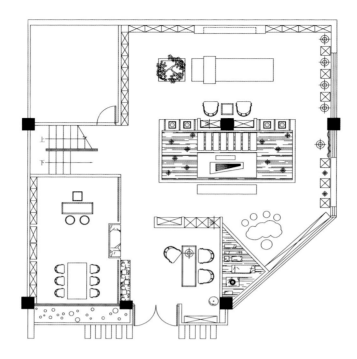

平面布置图

026/ 真璞草堂

项目名称：真璞草堂
项目地点：浙江省宁波市
项目面积：120平方米
主案设计：范江

　　真——进入一个空间对它没有印象，设计可谓失败；若感受有压力或太扎眼，则更失败。所以，真切，让人有一种融入感，是设计始终要表现的氛围。这是一个让我喜欢的题材，烹茶玩玉，就在这一百多平米的空间里。在这里，空间是客，人是主。犹如玩玉，琢琢磨磨，反反复复，设计师一种享受的过程，在拿捏中贯通气韵，慢慢形成自己的气场，一切就绪。没有繁复的古代符号化堆砌，没有富贵逼人，只有淡淡的书卷味，唐宋文人式的温雅让人心醉，一个纯粹的空间。你在其中是主体，它在周围真诚委婉，却时时让你感到它的底蕴、品味。时而喧闹，时而娓娓，仿佛本该如此。

　　璞——玉未经雕琢充满着自然本色的美，谓璞。这里的材料及施工工艺就是在追求"璞"的不经意。墙面用混凝土，手工随意抹平，略做一下保护层，显得不是很平整。铁板、角钢不经装饰，素面朝天。地面铺金砖洒黑色鹅卵细石，老式石雕门跲蹲步式的过渡。许多材质的品质皆以本色出现，互相谦虚地存在不抢风头。

　　草堂——用茅草建造的房子，让人想起杜甫的"安得广厦千万间，大庇天下寒士俱欢颜"的质朴、美好愿望。某茶室某茶馆太多，取名草堂显着与众不同，更是体现草的平凡坚韧与朴素含蓄，不是桃红柳绿的夺目。素面的石灰墙，泼着淋漓的荷塘，墨分五色，枯湿浓焦淡，有层次有意境，以墙分纸，那荷塘是禅，是心中的爱莲说。

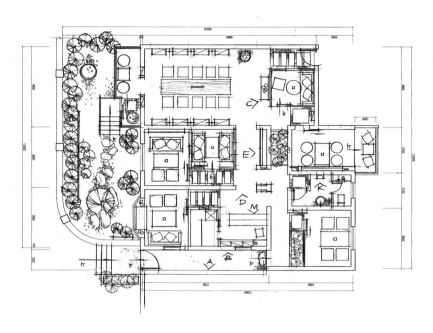

平面布置图

O27/ 云门茶话

项目名称：云门茶话
项目地点：浙江省宁海市
项目面积：230平方米
主案设计：蒋建宇

茶馆主题体现一个"无"字，让来到此地者沉淀心灵，远离喧嚣，达到闲寂幽雅之境。茶馆原始框架为两层，用钢结构制造跃层，空间被延展放大，变成了错落有致的三层，既满足了功能要求又丰富了空间层次。

大堂、廊柱、墙壁、天花板都采用灰色，用色度的深浅进行功能区分，深浅不一的灰色，避免单调，又使得禅意弥漫。

空间视觉上极力追求通透感和延展感，带来心灵上的透气舒适。门厅采用全透光玻璃，保证了室内充足的自然光照，坐在前厅的人也可以充分领略室外景致。将竹帘放下，则漏光斜透，平添一份清幽。楼梯扶手采用金属材质，大胆简约。大堂博古架上陈设的各种茶具和陶艺工艺

品，以及上等的好茶，增加了整个空间的能量。

茶馆面积不大，故而空间格局追求合理巧妙，细节求精致到位，随处皆景。茶馆门口是一道鹅卵石砌成的墙，矗立在L形水池中。一按开关，便有水流从墙头汩汩出。水池上铺上石板，便成了路，通往大堂。门庭带水整个空间显得灵动和富有生气。木门配上佛手，禅味生，让出入于浮华的茶客，顿时进入一种高雅境界中。

五个包厢装饰各异，或奢华，或复古，或现代，大小小，采用混搭风格，制造亮点，满足了不同层次、不心态饮茶者的需求。精致的茶具，优质上乘的普洱茶，意而优雅的音乐，使来者心灵沉淀远离喧闹都市。

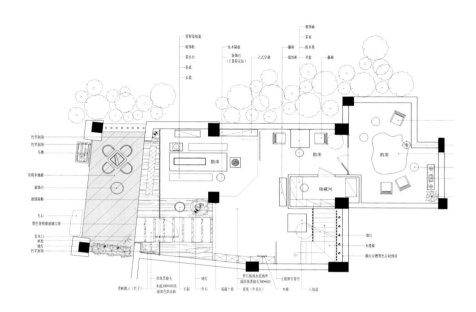

平面布置图

028/ 环秀晓筑挹翠堂

项目名称：环秀晓筑挹翠堂
项目地点：江苏省苏州市旺山环秀晓筑
项目面积：500平方米
主案设计：余守桂

本案位于旺山西南山坳的一片茂密竹林之中，自然环境雅致清幽，项目为度假酒店配套的茶室，定性为临时建筑，因此从建筑开始便以"朴、拙"为设计方向，力求最大限度减少对环境的破坏以达到与自然的融合，以原生态的方式演绎茶道氛围，建筑由一个茶室和四个包厢组成。

取《兰亭集序》"此地有崇山峻岭，茂林修竹，又有清流激湍，映带左右，引以为流觞曲水，列坐其次。虽无丝竹管弦之盛，一觞一咏，亦足以畅叙幽情"情境，致力于创造一个追求林泉归隐的士人氛围，意在传递"和、敬、清、寂"茶文化的同时，消解时空跨度，给人以轻松回归的精神慰藉与视觉享受，以期达到"静扰一榻琴书，

动涵半轮秋水"的空间感受。

以"危桥属幽径，缭绕穿疏林。进箨分苦节，轻筠抱虚心。俯瞰涓涓流，仰聆萧萧吟"古诗为情境，在竹林中依地势起伏及竹林疏密"按时架屋"，自成错落逶迤、曲径通幽的天然之趣。利用原排水渠道作"若为无境"的理水处理，注重茂林修竹与水景结合带给人的视觉感受。运用贴近自然的材料和平实的手法，塑造建筑与环境的雅致朴素、返璞归真，力求人文精神与自然景观达到完美契合，尽力避免人事之功，以期达到宛自天开的视觉感受。

029/ 休闲养生茶馆

项目名称： 龙源湖国际广场茶馆项目
项目地点： 河南省焦作市
项目面积： 600平方米
主案设计： 郭嘉

此项目位于河南焦作的龙源湖国际广场，作为居住区内的商业街区，开发商想把茶馆作为人们日常休闲养生的最佳场所，因此我们在设计的时候充分考虑了焦作的历史文化背景。河南省是一个有着悠久历史的省份，焦作当地也有着如嘉应观、月光寺等历史悠久的建筑古迹，更是一个旅游资源非常丰富的城市，拥有云台山、青天河、神农山三家国家级5A景区，并且盛产四大怀药，太极的教育基地也是焦作作为人文城市的标志，因此我们将这些调研的资料作为设计的依据。

从平面上分为上下三层，将每一层的主题定位为古迹、山水和太极，以水墨作为贯穿设计的语言，增添了人文的气质，并且将四大怀药和茶文化结合也是作为茶馆的经营策略给客人留下深刻的印象。在材料的运用上并没有很多的肌理质感的材料，主要以大面的黑色木饰面打底配以白色的主题软膜画，来营造水墨的感觉，为了避免色调过于偏冷，中间穿插了暖色的木饰面和木地板，每个包房不同的主题软膜画前，覆盖了一层薄纱，增加朦胧感。在灯光的运用上，包房以大幅的软膜主题画作为间接照明，并且局部配以点光源，让客人自行选择多种模式。在家具的选择上也是比较偏向与简洁的造型，配合整个空间宁静深邃的气质，让客人在享受茶香的同时能够纵情在焦作的人文山水之间。

030/ 意若浮云

项目名称：意若浮云——茗古园
项目地点：福建省福州市1958文化创意园内茗古园茶会所
项目面积：320平方米
主案设计：陈杰

茗古园的设计思想源于茶道"和、敬、清、寂"四字真髓中的"清"字，旨在演绎"心无旁物人自清"的修养境界。

入口处左侧采用透明玻璃做"橱窗"设计，现代的视觉模式与传统的陈设元素在碰撞中衬托着对方的魅力，并产生了空间默契。而入口的玻璃门上采用了祥云的图案，在红色灯笼的光线映衬下，散发着以一种若即若离的感觉，有着犹抱琵琶半遮面的韵味。正对大门的玄关则用石制踏步、流水、侍女像、枯木等组合出一幅唯美的景致。玄关上的镂空设计，让室内外的空间有了交流的可能。

进入茗古园内部，我们疑心自己走错了时空，周身被一股从未体验过的历史感包围着，刚刚还紧随着的都市喧嚣被断然隔在了身后。我们无法立即用准确的辞藻去形容目之所及的内容，能做的就是静下心，放慢呼吸的节奏去感受眼前的一切。空间的主体区域用斑驳的原木做茶几，民俗家具做隔断，周边的墙面则用天然麻布作为装饰材料，顶上更是悬挂着若干浮云状照明灯具。它们在光影的烘托下营造出和谐的空间律动，并实现了空间文化的蜕变。一旁的包厢用透光材质裱面，素而不俗，装点出一种妩媚与智慧的空间气质。这个体量感十足的黑白调空间丰富了视觉层次，也让每次来此的宾客有了相似却不同的体验。

壹杯武夷茶，
静享世繁华。
心静人淡定

031/ 茗仕汇茶会所

项目名称：茗仕汇茶会所
项目地点：福建省福州市
项目面积：410平方米
主案设计：陈杰

　　古意盎然疯长于经维之间，一方清雅的所在静安于市，闲坐在此，约三两好友品茗长谈，何止是难得亦惬意。一盏清茶，几句调侃，呼朋唤友，好生自在逍遥。设计师便是为了如此这般的缘由，用其巧手妙思，圆了我们一个禅意十足、意味颇丰的品茗梦。

　　推开此扇方圆和谐的门扉，将喧嚣与浮躁都留给了两旁青葱翠竹代为消化，你我只管前往这淡然的所在，去览那久违的轻松。走过青石铺就的路面，苍劲的书法在薄的卷面上翻飞，光透过以此为屏风的隔断，令这些墨迹泛着久远的意蕴，充满了摄人心魄无法抗拒的美。一具石像静伫在小径尽头，仿佛已等了许久，而此处更像极了你我最终的归宿，心的故乡之所在。青砖墙上生长的绿植生机勃勃，也有耐人寻味的所指。吊顶之上奇异的灯如同朦胧的月亮，只是换了修长的身姿，将来者的思绪拉得绵长而愈发朦胧。

　　白色的鹅卵石洒落在路边，交错平行的立面像把折扇慢慢推开，将空间的意蕴荡漾开去。而入眼尽是简而有味的明式隔断和家具，令古意弥漫在空间每个角落。拱形的青瓦垒成的隔断形成独特的美感，光透过瓦片之间的间隙照射进来，明暗之间好像藏着又一个天地。配合着墙面的纹理，枯木之上一小盆植物，蕴含了那份枯木亦逢春的哲思。简洁的线条，给予空间纯粹的力度与美学，可谓实用性与美学的完美结合。

032/ 秋山堂会所

项目名称：秋山堂会所
项目地点：台湾省台中市
项目面积：500平方米
主案设计：周易

    本案规划为二层楼，一楼为茶具、茶叶的贩售空间，二楼为教学及饮茶的空间，运用利落的格栅扶梯而上，形式上为拆解两空间的手法，本质上却是连成一气的设计主题。

    设计上以生锈铁面的钢结构为圆形拱门展开的入口，设计师表示在生锈的处理上，必须要掌握、拿捏氧化的阶段，恰如其分的斑驳能为人文痕迹加分。

    进入户外的庭院中，打造了苏州意象式的前景庭院，运用木头格栅、深色石头、石雕、石阶、地灯，随着步履

一步步进入由风化木蠹虫，再做喷砂处理的墙面，体现出朴实、自然的橱窗，若隐若现地由外透视，构成出层进式的效果，此外，长廊的末端以一面镜子做端景的收尾，使空间感倍增之外，同时产生迂回的视觉感知。

秋山堂

精品茶庄

033/ 提香溢茶楼

项目名称：提香溢茶楼
项目地点：北京市
项目面积：500平方米
主案设计：吴其华

提香溢茶楼，在设计的定位上更像是一个私人会所。与以往的茶楼概念有所不同，大空间的处理大气稳重，将传统装饰元素的经典之处，提炼并演变成为新的设计符号，而在独立包房的小空间内，运用了细腻并充满文化气息的细节装饰。

本案的设计灵感来源于对传统精髓的继承，茶文化本是中国经典的传统文化之一，中式风格主调的确立，通过现代简洁的设计语言来描述，将这样一处充满茶香的文化空间，拉近了与现代生活之间的距离。

在对色彩控制上，整个空间以稳重的暖色调，配合局部光源的处理，以亲切温馨的视觉体验让空间与人之间的关系更加紧密。传统庭院设计中常用的月亮门造型，被加以改进，以新的方式运用。一层的水景再现了月亮门的形式，但从功能上延展为水景的设计；而在几处包房的隔门处理上，则是延展了月亮门的概念，将原本的经典造型，以传统瓷瓶的剪影形式呈现，带来新的视觉效果。

一层平面布置图

二层平面布置图

034/ 茶汇会所

项目名称：茶汇会所
项目地点：湖南省长沙市
项目面积：1500平方米
主案设计：赵益平

　　本案位于繁华闹市一隅，投资方拟造一所以茶会友之所。商业定性为会所式，营业模式预采用会员制，拟营造一个宁静、隐秘氛围，又提供一个当代精英们会友、谈判、规划合作、以及娱乐的场所。

　　定案时，以汇字为中心贯穿空间，同时，为了强调空间低调含蓄的氛围，融入了江南建筑气质的元素与中国传统文化的神意加以贯穿。在大厅部分，江南建筑中的廊柱建筑体量元素运用其内，提炼了空间的气质。孔明灯的造型漫遍当中，用意吉祥与和谐，同时用其数量来量化"汇"的精髓，食品区中的形似水井造型的天花如出一辙，在突出"汇"的精髓的同时也强调了水在中国人心中的地位。在贵宾区中，中国传统窗格纹样围合的走廊中自然流露出了vip空间高雅而内敛的定位。贵宾区在功能上除了品茶之外还融入了办公、谈判、会议、棋牌娱乐等功能。其中一个以四合院形而制造的围合空间中的中庭取意"天水汇一"的元素，为此会所在设计上的点题之笔，同时也仿其意象征财富的聚集。

　　整个空间中有木制的沉着与稳重，建筑语言运用其中，为了避免生硬，大量的墙绘运用其中，使得空间中艺术与唯美得到升华。

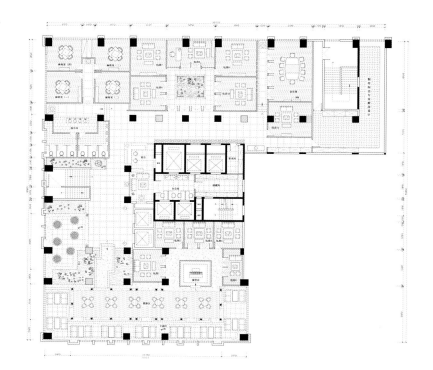

平面布置图

O35/ 清友闲风茶馆

项目名称：清友闲风茶馆
项目地点：上海市杨浦区
项目面积：400平方米
主案设计：周然

　　本项目坐落于上海五角场黄兴路，此处有丰富的中华美食餐饮氛围及国学馆等文化教育场所，茶馆物业可谓融合环境所需。同时，茶馆作为该楼面高端餐饮酒店的一部分，与酒店内高端RTV等餐饮服务相辅相成，特别推出茶文化体验区，作为茶歇、禅修、特色会场等文化综合场所，为该酒店增添物业丰富性。

　　本设计以诗句"窗外闲风随冷暖，壶中清友自芬芳"为主线，期望做一个清雅低调的新中式环境。当茶友推开大门之时，即从繁华的街道转瞬进入另一番桃源之境。设计弱化墙面造型、花格图案，家具用线条相对简洁的桌椅，为业主丰富的茶文化收藏品提供一个大方干净的展示空间。与传统的中式相比，本设计的表达方式更为简洁，同时保留了特色的文化元素。

　　本设计引用中国古建筑梁柱结构，在有限的室内空间里，保留大堂挑空高度，搭建二层品茶楼阁及廊道，使整体空间既有高挑开阔之气，又具曲径通幽之美。茶友通过前厅进入大堂，经过靠窗的品茶区移步二层空间，一路上便可赏玩古典茶具、听闻古琴吟唱、观看茶道表演，最后品到茶香茶色，可谓一步一景，在视觉、听觉、触觉、味觉上有了全面的体验。

　　茶馆整体以实木贴面修饰古建梁柱结构，大堂顶面满铺灰色石材马赛克，地面材料选用木纹砖、青石砖相结合，以此保证清雅端庄之颜。吊顶最高处点缀镜面，微微中和吊顶的重量感，人在一层走动时，抬头看天仿佛以为还有第三层空间。墙面除局部木饰面以外均以海洁布打底再作涂料饰面，丰富低调白墙的细节。